Ouassila BEKKAL BRIKCI- BENHABIB

Projeto de fim de curso em ciências biológicas:

Ouassila BEKKAL BRIKCI- BENHABIB

Projeto de fim de curso em ciências biológicas:

Preparação de um manuscrito polido para defesa

ScienciaScripts

Imprint
Any brand names and product names mentioned in this book are subject to trademark, brand or patent protection and are trademarks or registered trademarks of their respective holders. The use of brand names, product names, common names, trade names, product descriptions etc. even without a particular marking in this work is in no way to be construed to mean that such names may be regarded as unrestricted in respect of trademark and brand protection legislation and could thus be used by anyone.

Cover image: www.ingimage.com

This book is a translation from the original published under ISBN 978-620-6-71932-8.

Publisher:
Sciencia Scripts
is a trademark of
Dodo Books Indian Ocean Ltd. and OmniScriptum S.R.L publishing group

120 High Road, East Finchley, London, N2 9ED, United Kingdom
Str. Armeneasca 28/1, office 1, Chisinau MD-2012, Republic of Moldova, Europe
Managing Directors: Ieva Konstantinova, Victoria Ursu
info@omniscriptum.com

Printed at: see last page
ISBN: 978-620-8-35572-2

O objetivo deste manual é orientar os estudantes de "Master 2" no processo de redação do seu projeto final, fornecendo orientações claras e estruturadas para cada secção essencial. Cada etapa foi concebida para garantir a coerência e a organização adequada do trabalho académico em ciências jurídicas.

PREÂMBULO

Vivemos num mundo onde o acesso à informação é mais fácil do que nunca, mas onde a qualidade dessa informação pode, por vezes, ser variável. O objetivo é simples: fornecer a todos os alunos as estratégias metodológicas e motivacionais para empreender e ter sucesso na escrita académica. É verdade que os professores que orientam as dissertações de mestrado são frequentemente muito ocupados e podem ter dificuldade em encontrar tempo para dar uma formação detalhada sobre as regras e recomendações para a redação de uma dissertação de mestrado. No entanto, existem algumas boas práticas que os alunos podem seguir para garantir que produzem uma dissertação de qualidade. Caro aluno, convido-o a ler atentamente este manual, que espero que se torne um recurso valioso para todos os alunos de mestrado em Ciências Biológicas, fornecendo-lhes as ferramentas e a orientação de que necessitam para apresentar e escrever com sucesso a sua dissertação. Lembre-se de manter uma abordagem clara, prática e bem estruturada durante todo o processo de redação. Seguindo estas dicas, deverá ser capaz de navegar eficazmente na paisagem por vezes complexa de guias em linha divergentes para desenvolver um manual informativo e coerente sobre a redação de teses de mestrado.

PREÂMBULO

A realização de um projeto de fim de curso de mestrado em Ciências Biológicas constitui uma etapa importante no percurso académico do aluno, permitindo-lhe descobrir o mundo da investigação e adquirir competências de reflexão, de análise e de síntese. O processo culmina com a defesa do projeto final perante um júri, cuja avaliação se baseia na leitura do manuscrito, que deve ser polido e de fácil leitura. Isto aplica-se não só ao plano, mas também às regras de redação. Estas últimas podem parecer um constrangimento, mas a sua formatação não só facilita a leitura, como também garante o rigor que é essencial para que o nosso trabalho seja divulgado de forma fiável. Todas as dissertações devem obedecer a normas relativas aos seus elementos constitutivos e à sua forma, com o objetivo de harmonizar e facilitar a apresentação das dissertações na universidade. A forma do documento deve ser respeitada para poder ser avaliada pelos membros do júri. Este guia é destinado aos estudantes de Master 2 para os ajudar no processo de redação. Cada secção da dissertação deve ser redigida de forma clara e coerente, seguindo uma estrutura adequada. Este guia também pode ser utilizado pelos estudantes de licenciatura (licença 3) que queiram conhecer as normas de um projeto universitário para realizar o seu mini-projeto.

ÍNDICE

1. INSTRUÇÕES GERAIS PARA A REDACÇÃO DE UMA TESE DE MESTRADO

Para escrever uma dissertação, é importante seguir alguns passos fundamentais. Tem um tema e um professor orientador, e o teste começa. É necessário compreender as expectativas e os requisitos específicos para a elaboração de um projeto de final de curso ou de uma dissertação. O segundo ano do Mestrado em Ciências Biológicas termina com a entrega da dissertação e a sua defesa oral. A dissertação é um projeto a longo prazo, cabendo ao aluno planear o trabalho e cumprir os prazos.

1.1. Definição do tema

O professor orientador ajudá-lo-á a aperfeiçoar o seu tema de investigação de acordo com os requisitos académicos. Isto pode incluir discussões para delimitar o assunto, formular objectivos claros e definir uma questão de investigação relevante.

1.2. Plano de execução do briefing

Está sujeito a um calendário para a realização da sua dissertação. O plano para a realização da dissertação num semestre :

a) Período de arranque: Escolha do tema com um problema provisório, em conjunto com o orientador.

b) Período de desenvolvimento do tema

- Formulação do problema e do plano de trabalho
- Trabalho de investigação
- Plano de redação preliminar

- Formulação definitiva do problema e elaboração do plano

c) Redação do dossier: Uma versão final do dossier

d) Apresentação

1.3. Composição da tese de mestrado em ciências biológicas

A estrutura é a parte mais difícil e importante da escrita. É necessária uma estrutura clara para que os leitores não se percam. A estrutura da tese de mestrado/projeto de fim de curso em Ciências Biológicas deve seguir a organização de um artigo científico IMRaD: Introdução, Materiais e métodos, Resultados e (e) Discussão **(Swales, 2004).**

Este esquema normalizado do IMRaD destina-se a servir de guia para a estruturação de uma dissertação no domínio das ciências biológicas. Fornece um esboço claro do seu trabalho científico e da forma como as secções estão interligadas. A dissertação de mestrado em ciências biológicas é composta pelas seguintes partes Página de rosto (Page de garde)

Assinaturas (facultativas) Agradecimentos Índice

Lista de tabelas Lista de figuras Lista de abreviaturas

Resumos e palavras-chave (francês e inglês)

1) Introdução geral

2) Revisão da literatura (estado da arte)

3) Materiais e métodos

4) Resultados e discussão

5) Conclusão geral

6) Bibliografia

7) Apêndices

1.4. Recomendações editoriais

No domínio das ciências biológicas, a redação de uma tese de mestrado consiste em apresentar de forma concisa as informações essenciais extraídas de vários documentos científicos relativos ao mesmo assunto. Para escrever sobre um tema de investigação científica, é necessário pensar e propor algo de novo. É necessário determinar os parâmetros da sua contribuição para a construção do conhecimento.

1.5. Resumir vários artigos científicos, capítulos e extractos de livros

Um bom resumo deve ser organizado e conciso, e deve transmitir a informação de forma imparcial.

Sintetizar um conjunto de artigos científicos, capítulos de livros, livros electrónicos, extractos de sítios Web, etc., significa apresentar novos conhecimentos num processo que combina análise e síntese.

O objetivo é criar um novo texto que resuma e combine as ideias principais destas diferentes fontes, preservando a sua credibilidade e relevância. Por outras palavras, sintetizar significa :

- Identifique artigos científicos, capítulos de livros e extractos que tratem especificamente do seu tema. Certifique-se de que são recentes e que contribuem de forma significativa para a sua investigação.

- Extrair os pontos-chave das fontes, os principais argumentos e os dados relevantes.

- Organizar a informação de forma lógica e clara, determinando a forma como cada fonte contribui para a compreensão global do tema.

- Evitar a simples reformulação dos textos de partida

- Assegurar que todas as informações apresentadas são exactas, citando corretamente as referências.

- Criar um texto coerente que sintetize eficazmente os conhecimentos adquiridos a partir das várias fontes, ao mesmo tempo que apresenta uma conclusão que releva os objectivos iniciais e oferece uma nova perspetiva e recomendações.

2. REGRAS BÁSICAS PARA UM ESTILO CIENTÍFICO

Para comunicar bem em ciência, é necessário ser claro e direto, utilizando frases simples e sem ambiguidades, com um vocabulário preciso e específico do domínio científico **(Roger, 2007).** Uma dissertação isenta de erros ortográficos, gramaticais e tipográficos é uma garantia de credibilidade perante o júri. Por isso, é importante saber formular e utilizar a terminologia correta para escrever uma dissertação de mestrado bem sucedida.

O estilo científico tem 4 caraterísticas principais:

- Não é permitida a utilização de "I" ou "we". Deve ser utilizada a forma passiva. Exemplo: "o objetivo deste trabalho é..." ou "os resultados mostram...".

- A utilização de palavras exactas e frases curtas, com um vocabulário conforme ao de toda a comunidade científica.

- Utilização do tempo verbal presente (tempo verbal passado para a secção de métodos).

- É preferível evitar a repetição e a redundância.

De um modo geral, a qualidade do manuscrito científico reflecte a qualidade do trabalho realizado durante o projeto.

2.1.Espaços e sinais de pontuação

Na redação de uma dissertação, a utilização dos espaços e dos sinais de pontuação deve obedecer a regras estritas para articular as ideias.

As frases curtas evitam o risco de utilização incorrecta da pontuação. Em termos de sinais e de pontuação, as regras devem ser precedidas ou seguidas de um espaçamento normal ou não (quadro I).

Tabela I: Algumas regras para sinais de pontuação e símbolos

Espaços e sinais de pontuação		Regras	
		Antes de	Depois de
Ponto	.	nenhum espaço	espaço
Vírgula	,	nenhum espaço	espaço
Parentesco	(abertura) fecho	espaço frontal sem espaço na frente	sem espaço depois Espaço depois
Gancho	[abertura] fecho	espaço frontal sem espaço frontal	sem espaço após espaço após
Guillemet	"abertura e fecho	espaço frontal sem espaço frontal	sem espaço após espaço após
Dois pontos	:	espaço inquebrável	espaço
Ponto e vírgula	;	espaço inquebrável	espaço
Ponto de exclamação	!	espaço inquebrável	espaço
Ponto de interrogação	?	espaço inquebrável	espaço
Pontos de suspensão	...	nenhum espaço	espaço
Percentagem	%	espaço inquebrável	espaço
Sinais matemáticos	+-x=	Espaço	nenhum espaço
Corte	/	nenhum espaço	nenhum espaço
Fração	2/3	espaço inquebrável	Espaço
Símbolos	Kgμm mL °F°C	espaço inquebrável	Espaço
Hífen	-	nenhum espaço	nenhum espaço

No final do título de um documento ou de um capítulo, a pontuação não é utilizada.

2.2. Quadros e figuras

Todas as figuras e quadros devem ser enumerados, cada um numa folha separada. Os quadros comparativos, as ilustrações e as figuras podem ser utilizados para organizar visualmente a informação e facilitar a sua compreensão. Os quadros e as figuras não têm a mesma função: os quadros apresentam principalmente dados numéricos e textuais, enquanto as figuras apresentam informações visuais (diagramas, linhas, curvas, gráficos, etc.).

a) Tabelas

Os quadros têm um interesse especial nas ciências biológicas porque permitem compilar e comparar resultados. As tabelas devem ser numeradas por ordem de aparecimento, utilizando algarismos romanos (Tabela I, II, III, IV, etc.). Devem incluir uma legenda que permita a sua compreensão sem necessidade de recorrer ao texto do manuscrito. Note-se que o título de um quadro deve ser colocado acima do mesmo (**quadro I**) e que os quadros não devem ser divididos em duas páginas, o que dificultaria a sua leitura.

Exemplo: Quadro retirado de um artigo da revista HYGIÈNES (**Bekkal Brikci-Benhabib et al.**, 2015).

Tableau I – Critères des nouveau-nés et prématurés prélevés inclus dans l'étude.

Sexe, poids, âge	Durée d'insertion du cathéter	Antibiothérapie	Référence souche isolée
F - 1,900 kg - 4 jours	4 jours	Ampiciline + Gentamycine	*C. albicans* N103
M - 3,200 kg - 7 jours	3 jours	Ampiciline	*C. albicans* N72
F - 2,600 kg - 4 jours	4 jours	Cefotaxime + Ampiciline + Ciprofloxacine	*C. albicans* N93
M - 3,500 kg - 8 jours	4 jours	Oxaciline +Gentamycine	*C. parapsilosis* N19

b) **Números**

As figuras são utilizadas para ilustrar visualmente conceitos, processos, relações ou modelos (**Figura 1**). Podem assumir uma variedade de formas: diagramas, mapas, fotografias, histogramas, diagramas de tartes ou gráficos... (**Figura 1**).

As representações mais frequentemente encontradas nas dissertações de ciências biológicas são :

- Sectores: apresentação das percentagens.

- Histogramas: comparação estática.

- Gráficos de curvas e pontos: x é a variável de controlo (explicativa); y é a variável controlada (explicada).

- Fotografias, Microscopia eletrónica

- Secções histológicas, gel de eletroforese...

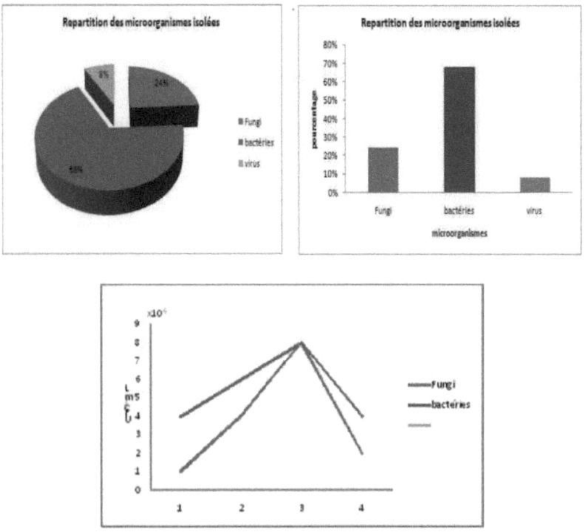

Figura 1: Representações mais frequentes nos dossiers de ciências biológicas

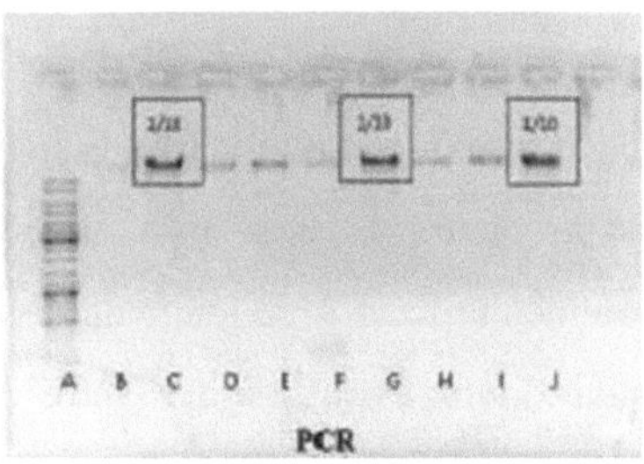

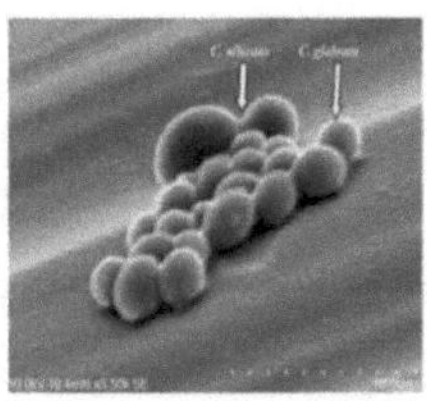

Microscopie électronique à balayage d'un biofilm mixte (Bekkal Brikci-Benhabib et al., 2021)

As figuras devem ser mencionadas no texto e numeradas por ordem de aparecimento em algarismos árabes (figura 1, 2, 3, etc.). Tal como para os quadros, o título deve ser suficientemente informativo, sem necessidade de remeter para o texto. No entanto, ao contrário dos quadros, o título é colocado por baixo da figura. Isto permite resumir várias informações numa única representação (**figura 2**).

Figura 2: Nuvem de palavras-chave para um projeto de fim de curso em ciências biológicas.

2.3.Abreviaturas e acrónimos

Ao contrário das listas anteriores, esta não apresenta a numeração das páginas. Trata-se, de facto, de uma lista alfabética de todas as abreviaturas e acrónimos utilizados ao longo da dissertação. Qualquer abreviatura utilizada noutro local segue (entre parênteses) a sua expressão completa na primeira vez que é citada no texto.

Exemplo: A Organização Mundial de Saúde (OMS)

A abreviatura O.M.S. pode então ser utilizada livremente no resto do manuscrito. As abreviaturas não são recomendadas em títulos, subtítulos e resumos. São permitidas duas abreviaturas latinas, que devem ser utilizadas em itálico.

- e.g. : exempli gratia, por exemplo ;

- et al: e outros.

2.4.Números mencionados no manuscrito

Os números podem ser escritos em algarismos árabes, romanos ou por extenso. Quando um número é seguido de uma unidade de medida (por exemplo: ml, μ m , km/h), é expresso em algarismos. Por outro lado, se o número não for seguido de uma unidade de medida, os números de zero a nove são expressos em letras num texto. Os números maiores que dez, por outro lado, são expressos em algarismos. Se a frase começar com um número, este deve ser escrito por extenso. Exemplo: Vinte espécies de bactérias pertencentes a 12 géneros diferentes são responsáveis por... Os algarismos decimais devem conter uma vírgula e não um ponto final (exemplo: 3,44 e não 3,44). Note-se que se utiliza a vírgula em francês e o ponto final em inglês. As letras gregas, os símbolos estatísticos ou as variáveis devem ser escritos em itálico no texto.

2.5.Sistema Internacional de Unidades

O Sistema Internacional de Unidades (SI) é o mais comummente utilizado em trabalhos científicos e técnicos. Note-se que o símbolo da unidade deve estar na mesma linha que o valor dos dados.
Exemplo: Quantidade de substância: Mole (mol)

2.6.Nomenclatura biológica (ou taxonómica)

A nomenclatura biológica, também conhecida como nomenclatura taxonómica, é um sistema normalizado para nomear e classificar os organismos vivos.

Cada espécie é identificada por um nome binomial composto por duas partes:

- Género: A designação genérica, cuja primeira letra deve ser maiúscula.

- Espécie: O nome específico, escrito em minúsculas.

Exemplo: Homo sapiens, em que "Homo" é o género e "sapiens" é a espécie.

Deve ser utilizada a nomenclatura habitual para os microrganismos, em conformidade com as regras internacionais de nomenclatura. Os microrganismos devem ser referidos pelo seu nome latino em itálico, com o género em maiúsculas e o nome da espécie em minúsculas (Escherichia coli ou E. coli). Estes nomes são apresentados em itálico no texto. É possível utilizar sp. para a espécie (Clostridium sp.) ou spp. que se refere a várias espécies (Clostridium spp.).

2.7.Inserções

Os termos em línguas estrangeiras, nomeadamente em latim, devem ser sublinhados ou escritos em itálico.

Exemplo: in vitro; in vivo; in silico; et al....

As citações devem ser colocadas entre aspas; se forem longas, devem constituir um parágrafo separado e podem ser colocadas em itálico ou num tipo de letra mais pequeno do que o resto do texto.

2.8.Formatação

Para a apresentação da dissertação, deve ser utilizado um tipo de letra claro e legível em todo o documento, mantendo a coerência na formatação dos títulos e das secções. É aconselhável utilizar um tipo de letra como: Arial tamanho 11 ou outro tipo/tamanho de letra comum: Calibri 12; Times new roman 12, espaçamento 1,5 entre linhas (por exemplo, este documento está escrito Times new roman 12, espaçamento 1,5 entre linhas). As margens do texto da dissertação devem ser iguais a 2,5 cm à esquerda, à direita, em cima e em baixo. O texto deve ser justificado (alinhado da esquerda para a direita) e espaçado a 6 pontos após cada parágrafo.

- Títulos a negrito em tamanho 12

- Legendas das tabelas e figuras em tamanho 11.

- As folhas (formato A4) são impressas numa só face.

Evite utilizar fontes extravagantes (fontes extravagantes, fontes extravagantes, etc.) e evite utilizar cores (utilize o preto). Salvo raras excepções, os caracteres sublinhados nunca devem ser utilizados na redação de um manuscrito científico; apenas o itálico é permitido.

2.9.Subdivisão das secções

O dossier deve ser dividido em secções claramente definidas e numeradas. As subsecções devem ser numeradas em 1.1 (depois 1.1.1; 1.1.2, ...), 1.2, etc. O nível 4ème não deve ser ultrapassado: por exemplo, indicar o parágrafo (1.2.1.2.3 ...)Com exceção da página de rosto, todas as páginas devem ser numeradas. As páginas preparatórias podem ser numeradas (i, ii, iii, etc.). Cada subsecção pode ter um título curto. Cada título deve aparecer numa linha separada. O resumo não é incluído na numeração das secções.

2.10. Paginação

As páginas devem ser numeradas (o número da página deve ser indicado no índice). A paginação deve ser efectuada em algarismos árabes (1, 2, 3, etc.). O número de página deve ser colocado no canto inferior direito da página. Todas as secções e subsecções do relatório são numeradas a partir da introdução. Os apêndices, caso existam, podem também ser numerados.

2.11. Volume do dossier

Cinquenta a sessenta páginas podem ser suficientes para conter todas as secções que compõem a dissertação de Ciências Biológicas, excluindo os apêndices. No entanto, alguns temas podem exigir mais páginas para abranger a complexidade dos conceitos e dos dados. Note-se que o seu departamento pode ter diretrizes específicas relativamente à extensão mínima ou máxima da dissertação. Se o seu trabalho exceder esse número de páginas, o júri poderá criticá-lo por não ter demonstrado capacidade de síntese suficiente e por ter preenchido em vez de se especializar nos objectivos da investigação que propõe.

2.12. Ética na redação científica

A redação de uma dissertação no domínio das ciências biológicas obedece a regras éticas simples. Todos os trabalhos publicados anteriormente devem ser referenciados. A citação de um artigo publicado anteriormente ou de um texto emprestado deve ser corretamente identificada, por exemplo, utilizando uma fonte em itálico e aspas. Cada elemento apresentado no texto deve ser original.

Qualquer conflito de interesses, mesmo potencial, deve ser indicado.

1.6 Utilização da inteligência artificial

O aluno não deve utilizar inteligência artificial (IA) generativa, como o ChatGPT, no processo de redação da dissertação, para evitar os abusos gerados por esta tecnologia (como o plágio).

2.13. Plágio

Muitos alunos cedem à tentação de se inspirarem no trabalho de outros quando escrevem as suas próprias dissertações, sem necessariamente se aperceberem de que estão a violar os direitos de autor e a incorrer em sanções, numa advertência ou na exclusão permanente de qualquer instituição de ensino superior. Uma forma simples de evitar o plágio consiste em mencionar um resultado ou uma ideia de outrem, pelas suas próprias palavras, indicando a referência.

3. BOA UTILIZAÇÃO DO ENQUADRAMENTO

O orientador do mestrado desempenha um papel crucial no êxito do seu projeto de fim de curso.

a) Antes de começar

Desde o início da sua colaboração, esclareça as expectativas mútuas, incluindo a frequência das reuniões, os prazos e os métodos de comunicação preferidos (correio eletrónico, presencial, etc.)

b) Durante o projeto

- Planeie reuniões regulares para discutir o progresso do seu projeto e os próximos passos a dar. Respeite os horários acordados e esteja preparado para cada reunião.
- Demonstrar iniciativa e capacidade para trabalhar de forma autónoma, sem deixar de estar aberto aos conselhos e orientações do seu superior hierárquico.
- Peça regularmente feedback sobre o seu trabalho, quer se trate das suas ideias, dos seus resultados preliminares, das suas análises ou da redação da sua dissertação.
- Também precisa de estar aberto ao feedback e às críticas construtivas do seu supervisor. Utilize esses comentários para melhorar o seu trabalho e aperfeiçoar os seus argumentos.
- Se tiver dificuldades, fale abertamente com o seu superior

hierárquico para que este o possa aconselhar ou propor soluções alternativas.

- Envolva o seu supervisor na preparação da sua apresentação e defesa. Pratique à sua frente.

c) Após a apresentação do dossier

Após a entrega da dissertação, discuta as correcções ou melhorias a fazer com base nos comentários do seu orientador.

Continue a manter uma relação profissional com o seu orientador depois de ter apresentado a sua dissertação. Ele pode ser um recurso valioso para aconselhamento e recomendações profissionais.

4. ORGANIZAÇÃO DA DISSERTAÇÃO

Para garantir a coerência das dissertações finais, é necessário respeitar a organização das secções que as compõem.

4.1. Página de rosto

A página de rosto contém todas as informações necessárias para identificar o dossier. Deve incluir : Nome da instituição, ano académico, especialidade, apelido e nome próprio do estudante, título da dissertação, nomes do orientador, do presidente do júri e dos examinadores e respectiva filiação institucional, data da defesa da dissertação e logótipos da instituição. No que respeita ao design da capa, recomenda-se a utilização de um tipo de letra legível e de tamanho adequado, de preferência a negrito, para o título da dissertação. É de salientar que a dissertação deve apresentar uma descrição explícita do objeto de investigação. O título deve resumir a ideia principal do manuscrito de uma forma simples e original. É constituído por uma expressão concisa e identifica as variáveis ou os problemas teóricos estudados. A extensão recomendada para um título é de 10 a 12 palavras.

4.2. Resumos e palavras-chave em inglês e francês

O resumo é uma secção importante da dissertação de mestrado, pois sintetiza o conteúdo do trabalho realizado. Por exemplo, o objetivo da dissertação, a metodologia utilizada, os principais resultados obtidos e as conclusões retiradas do processo. No entanto, é importante garantir que a informação traduzida é exacta e consistente. Esta parte da dissertação é redigida após a redação do corpo do manuscrito, dentro de um limite de palavras definido, normalmente 250 palavras (cerca de 20 linhas no máximo), sendo de referir que o resumo deve ser colocado antes do índice e após os agradecimentos. Nesta secção não se incluem referências bibliográficas ou abreviaturas. O resumo deve ser acompanhado de palavras-chave (ou combinações de palavras), que facilitarão a pesquisa e a indexação nas bases de dados. Estes termos são limitados em número, entre 5 e 7 palavras-chave.

Exemplos: Dissertação; Mestrado; Ciências Biológicas; Metodologia.

4.3. Agradecimentos

É possível incluir uma dedicatória antes da página de agradecimentos. Os agradecimentos destinam-se aos membros do júri, ao orientador/co-orientador, ao presidente do júri, aos examinadores e a qualquer pessoa ou instituição que tenha contribuído para a investigação e a elaboração do projeto de fim de curso. Estes agradecimentos devem ser redigidos em termos corretos.

4.4. Conteúdo

O índice deve ser referenciado com o número de página correspondente. Contém todas as partes e sub-partes com os respectivos números, tal como aparecem no manuscrito, para que o leitor se possa orientar rapidamente. Não são incluídas páginas para dedicatórias, agradecimentos, resumos, etc. A paginação começa com a introdução. Isto significa que a primeira página numerada será a primeira página da introdução. A página de rosto (ou página de título) e as páginas preliminares, como o resumo, o sumário, as listas de tabelas/figuras, etc., são frequentemente numeradas em algarismos romanos (I, II, III, etc.). No entanto, estas páginas não apresentam um número na própria página (**Figura 3**). O índice é apresentado a um espaço simples, exceto os títulos das secções, que são apresentados a um espaço simples, sem negrito, itálico ou sublinhado. O índice pode ser criado automaticamente através de um programa de tratamento de texto (o que é vivamente recomendado).

Contents

Figura 3: Índice

O resumo do dossier, que contém as secções com referências cruzadas numeradas.

4.5. Introdução geral

O objetivo da introdução é enquadrar a investigação num contexto mais geral. Deve conduzir o leitor de um problema geral para uma questão de investigação, justificando a pertinência dessa questão. Os factos e opiniões apresentados na introdução devem ser apoiados por referências bibliográficas (**Lesage, 2013**). A introdução fornece informações sobre o tema da dissertação, bem como sobre o contexto geral em que o tema é estudado. Uma boa introdução deve motivar o leitor a interessar-se pelo manuscrito como um todo. O enunciado do problema apresenta-se sob a forma de uma pergunta precisa (e das questões específicas de investigação que a rodeiam) e da escolha dos conceitos-chave que delimitam a revisão da literatura. Esta parte evoluirá à medida que a dissertação for avançando. De um modo geral, esta parte não excederá duas páginas numa dissertação de mestrado. Quanto aos tempos verbais, recomenda-se o uso do presente do indicativo para factos admitidos e o uso do pretérito perfeito para citar autores ou indicar o objetivo do trabalho.

4.6. Revisão da literatura / Estado da arte

O objetivo da revisão da literatura (estado da arte) é encorajá-lo a estruturar uma revisão coerente e bem documentada dos conhecimentos existentes sobre um assunto específico.

As principais etapas da produção de uma revisão eficaz da literatura ou do estado da arte :

- **Definição do tema**: Defina o tema da sua investigação, de modo a selecionar as fontes relevantes. Identifique os conceitos e as áreas importantes para o seu estudo.

- **Recolha de fontes**: Procurar artigos científicos, capítulos de livros, teses e outros documentos relevantes em bases de dados académicas, bibliotecas em linha e outras fontes especializadas.
- **Crítica das fontes**: Avaliar a qualidade e a pertinência das fontes de acordo com critérios como a reputação dos jornais ou das editoras, a metodologia utilizada e a validade dos resultados apresentados.
- **Análise e organização**: Identificar tendências emergentes, divergências e convergências na literatura.
- **Síntese**: Integrar as informações extraídas das várias fontes, sintetizando-as num relatório de ponta.
- **Citações e referências**: Certifique-se de que cita corretamente todas as fontes utilizadas de acordo com as normas de citação académicas adequadas (APA, MLA, etc.). Isto garante a integridade intelectual do seu trabalho.
- **Atualização**: A revisão da literatura deve ser actualizada regularmente para incluir a investigação mais recente e refletir a evolução dos conhecimentos na área.

Em geral, esta secção não deve exceder 20 páginas, pelo que não deve ser apresentada como um capítulo, mas apenas como um título. O presente do indicativo deve ser utilizado para descrever ou apresentar o contexto científico (dados da literatura). Mais simples ainda, o que já foi publicado deve ser descrito no presente do indicativo.

4.7.Materiais e métodos

A secção "Materiais e métodos" de uma dissertação de mestrado é crucial porque descreve em pormenor a forma como o estudo foi realizado. Esta parte deve ser descritiva, precisa e suficientemente pormenorizada. De um modo geral, tratará de métodos que permitam a rastreabilidade, a possibilidade de reproduzir as experiências e que permitam que a dissertação seja avaliada de forma objetiva e clara.

A importância de escrever bem esta secção é :

a) Descrição do equipamento

- Descreva qualquer equipamento específico que tenha utilizado para recolher dados, por exemplo, dispositivos de medição, software, aparelhos experimentais, etc.
- Enumere todos os materiais, reagentes, produtos químicos e outros consumíveis utilizados na sua investigação.

b) Descrição dos métodos

Nesta secção, deve explicar o enquadramento geral do seu estudo, incluindo o tipo de estudo (experimental, observacional, etc.). A recolha de dados, incluindo os métodos de amostragem, os critérios de inclusão/exclusão, os questionários, as medidas adoptadas, as técnicas estatísticas ou analíticas que utilizou para analisar os seus dados e quaisquer outras considerações relevantes são necessárias para redigir esta secção "Métodos".

Exemplo 1: Descrição e origem dos microrganismos (selvagens ou de referência), plantas (ou animais) [género, espécie, estirpe, cultivar...].

Exemplo2: indicar a referência exacta do software utilizado (Statistica).

É de notar que, ao descrever ou resumir brevemente métodos e técnicas padrão, é imperativo indicar a referência bibliográfica da fonte que os descreve com precisão. Se forem feitas uma ou mais modificações na secção de métodos, é importante indicar a referência bibliográfica da fonte com uma descrição da modificação efectuada.

c) Limitações do estudo

Identifique e discuta quaisquer potenciais limitações na sua metodologia ou equipamento que possam ter influenciado os seus resultados.

4.8.Resultados e discussão

A secção "Resultados e discussão" deve ser bem estruturada e demonstrar o seu conhecimento profundo do assunto e das suas implicações para a tese de mestrado. Esta parte pode assumir duas formas: ou os "Resultados e discussão" estão na mesma secção, ou em duas secções separadas (10. Resultados
- 11. Discussão).

a) Resultados

Os resultados devem ser apresentados de forma clara e organizada, através de quadros, gráficos, figuras e descrições textuais. Os
A secção "Resultados" não deve conter elementos metodológicos, discussões ou referências bibliográficas. Esta secção apresenta os resultados da sua investigação. Esta parte deve ser escrita no pretérito

perfeito. Por vezes, utiliza-se o presente do indicativo para descrever diretamente um quadro ou uma figura, e o pretérito perfeito para referir a análise efectuada e os resultados. Normalmente, começa-se por apresentar os dados relativos à amostra e à qualidade dos resultados: taxa de resposta, descrição da amostra, comparação com a população de referência (representatividade). De seguida, apresentam-se os resultados que são úteis para responder à questão de investigação, devendo ser indicados tanto os resultados positivos como os negativos. A invalidação de uma hipótese é tão importante como a sua validação e pode ser discutida na secção "discussão" seguinte.

b) Discussão

Permite ordenar e interpretar os factos e os resultados obtidos. Analisando rigorosamente os dados e relacionando-os entre si, é possível destacar as ideias principais. Nesta parte da dissertação, devem ser efectuadas comparações com a literatura. De facto, os resultados obtidos devem também ser comparados com a literatura existente, quer haja concordância ou discordância e eventuais contradições. Deve também discutir as limitações do seu estudo que possam ter influenciado os seus resultados e a sua interpretação. Estas limitações servem para moderar o significado dos resultados, salientando que, como em toda a investigação, há um certo número de limites, enviesamentos ou incógnitas a ter em conta. Na discussão dos resultados, as opiniões pessoais do autor são escritas no presente do indicativo. O tempo condicional futuro é utilizado para descrever um projeto de trabalho. A precisão contribui para a clareza da escrita e, por conseguinte, para a sua qualidade.

4.9. Conclusão geral

A conclusão geral de uma tese de mestrado apresenta uma avaliação do tema, mostrando as suas implicações para a compreensão do assunto estudado e formulando certas recomendações. É frequentemente redundante com a secção de resultados e discussão. Ao redigir uma conclusão geral cuidadosa e bem estruturada, estará a garantir um final coerente e convincente para a sua tese de mestrado, reforçando o impacto da sua investigação e a sua contribuição para a sua área de estudo.

Uma conclusão sólida da sua tese de mestrado abre caminho a novas investigações e aplicações práticas do seu trabalho. A conclusão deve ser redigida no tempo presente. Ao respeitar estas regras, não só garante a legibilidade do seu dossier, como também a sua credibilidade. Um documento bem estruturado e bem redigido inspira confiança e credibilidade a quem o lê.

4.10.Recursos e referências utilizados

O objetivo da bibliografia é apoiar a argumentação do seu trabalho e mostrar a extensão da pesquisa bibliográfica realizada. É essencial incluir referências bibliográficas para dar credibilidade ao seu trabalho, baseando-se em informações validadas. As referências constituem uma secção própria e devem ser colocadas após a conclusão. A redação das referências bibliográficas deve ser feita com especial cuidado. Esta redação deve respeitar rigorosamente alguns critérios simples mas imperativos:

- ser rigorosamente exato;

- respeitar o formato exigido e estar completo (autores, título, revista ou editor, referência ao ano, volume, número e páginas).

- Cada referência deve ser fácil de encontrar (e, portanto, de verificar) pelo leitor.

- As referências podem ser listadas alfabeticamente pelo nome do autor.

- As referências bibliográficas devem ser citadas no texto antes de qualquer pontuação.

- No texto: O nome do(s) autor(es) aparece entre parêntesis no texto, seguido da data de publicação.

a) **Um ou dois autores**: Os nomes dos autores são sempre apresentados, separados pelo coordenador "e" (sem vírgula antes do coordenador).

O documento desempenha um papel gramatical na frase: De acordo com **Rimondini (2022)**, o biofilme bacteriano...

Discordamos de **Mukherjee e Bassler (2019)**, que mostram ...

b) **Mais de dois autores**: Em princípio, apenas o nome do primeiro autor é apresentado, seguido de "et al. (em itálico, com um ponto final), e depois a data.

- O documento não tem qualquer função gramatical na frase: **(Stoodley et al., 2022) (Mukherjee e Bassler, 2019).**

- O documento desempenha um papel gramatical na frase: **Stoodley et al (2022)** explicam...

- Quando o mesmo autor (ou um grupo dos mesmos autores) publicou vários artigos no mesmo ano, os diferentes documentos são classificados por ordem alfabética do título, acrescentando uma letra à data de publicação: **(Ramage, 2006a), (Ramage, 2006b).**

- Se forem utilizadas várias referências, estas são ordenadas alfabeticamente por autor, depois por data, e separadas por ponto e vírgula; os nomes de autores idênticos não são repetidos **(Johnston, 2004; Ramage, 2001, 2006; Sauer et al., 2022; Stewart et al., 2022).**

4.10.1. Tipos de fontes

a) **Capítulos, guias e livros**

-Beaud , M., & Gravier, M. (2006). A arte da tese. Comment préparer et rédiger une thèse de doctorat, un mémoire de maîtrise recherche ou tout autre travail universitaire à l'ère du Net.

-Swales , J. M., & Feak, C. B. (2004). Escrita académica para estudantes licenciados: Essential tasks and skills (Vol. 1). Ann Arbor, MI: University of Michigan Press.

-Bekkal Brikci-Benhabib, O, (2021). Bioadesão: desenvolvimento em biofilme. KS Omniscriptum Publishing , ISBN-13: 9786203427264

b) **Artigos de revistas**

-Lesage , F.-X. (2013). Escrever um artigo científico. Archives des Maladies Professionnelles et de l'Environnement, 74(6), 649-654. https://doi.org/10.1016/j.admp.2013.09.006

-Smith , R. (2000). Relatórios de melhoria da qualidade: um novo tipo de artigo: Devem permitir que os autores descrevam projectos de melhoria para que outros possam aprender. BMJ, 321(7274), 1428. https://doi.org/10.1136/bmj.321.7274.1428

c) **Guias institucionais e recursos em linha**

- Abdellatif, B. D. (2023). Pesquisa documental e projeto de dissertação. 2éme Année Master (Dissertação de doutoramento).

d) **Artigos de blogues e sítios Web fiáveis**

- ***The Thesis Whisperer (2023). "As 10 principais dicas para escrever uma tese de mestrado". Recuperado de https://thesiswhisperer.com/top-10-tips-masters-thesis-writing/.***

-Guia de redação de um relatório de estágio em bioquímica aplicada http://elearning.univ-temouchent.edu.dz/course/view.php?id=582

Existem várias normas, mas neste guia utilizaremos a norma APA, que é atualmente a referência mundial. O estilo bibliográfico APA (American Psychological Association) foi utilizado na elaboração do projeto de final de curso em Ciências Biológicas.

[Associação Americana de Psicologia (2003). Dicas de estilo APA. https://apastyle.apa.org/learn/faqs

[2] Aronson E. Methods of research in social psychology, Nova Iorque, McGraw-Hill, 1990.

[Provost, M. A., Alain, M., Leroux, Y., & Lussier, Y. (2002). Normes de présentation d'un travail de recherche. Trois-Rivières: Les Éditions SMG.

[Yousfi, B. (2021). Une démarche de (co) construction des compétences en contexte universitaire algérien: le cas de l'apprentissage des normes de rédaction académique. Synergies Algérie, (29), 265-281.

4.10.2. Escolha do software de gestão bibliográfica

Existem vários programas de gestão bibliográfica, cada um com as suas próprias vantagens e caraterísticas específicas. Para escolher o software mais adequado às suas necessidades nas ciências biológicas para a redação de teses de mestrado, considere aspectos como a facilidade de utilização da interface, a capacidade de gerir PDFs e dados bibliográficos específicos da sua área e o suporte para estilos de citação.

- **O Zotero** é um software gratuito e de código aberto que é amplamente utilizado para gerir referências bibliográficas. Suporta muitos estilos de citação nas ciências, incluindo os utilizados em publicações biológicas.
- **O Mendeley** combina gestão bibliográfica com funcionalidades de rede social académica. Permite-lhe armazenar e organizar documentos, bem como gerar citações e bibliografias. Este software é particularmente popular nos domínios científicos pela sua capacidade de gerir colecções de documentos PDF e facilitar a colaboração.
- **O EndNote** é um pacote de software pago amplamente utilizado no mundo académico para gerir referências. É compatível com muitos estilos de citação, incluindo os específicos para publicações em ciências biológicas.

4.11. Apêndices

Os apêndices incluem todos os documentos técnicos ou métodos adicionais que, de outra forma, não seriam incluídos no texto principal e que poderiam torná-lo desnecessariamente pesado. Os apêndices são anunciados no índice e depois no corpo do texto (**Apêndice 1**), são numerados consecutivamente e a sua paginação deve seguir a paginação do texto principal.

5. CRITÉRIOS DE AVALIAÇÃO DA DISSERTAÇÃO

Os critérios de avaliação de uma tese de mestrado podem variar de uma instituição para outra. No entanto, existem geralmente elementos comuns que os examinadores e os júris utilizam para avaliar a qualidade de uma tese de mestrado.

- Pertinência do tema: A originalidade do tema em relação ao domínio de estudo, bem como a clareza e a pertinência das questões e dos objectivos da dissertação.
- Enquadramento teórico: A qualidade da síntese bibliográfica e a demonstração de uma compreensão aprofundada do contexto em que se insere o tema de investigação.
- Metodologia de investigação: Os métodos de investigação escolhidos e utilizados para responder à questão de investigação.
- Análise e interpretação dos resultados: Capacidade de analisar criticamente os dados recolhidos e de interpretar os resultados de forma coerente com o quadro teórico e de tirar conclusões pertinentes.
- Estrutura da dissertação: A clareza e a coerência da estrutura da dissertação, incluindo a apresentação das secções (partes). A adequação e a qualidade das referências utilizadas para apoiar os argumentos apresentados na dissertação e o cumprimento das normas de citação apropriadas (APA).
- Apresentação oral: A qualidade da apresentação oral da dissertação aquando da defesa, incluindo a capacidade de responder a perguntas e de defender os resultados obtidos.

6. APRESENTAÇÃO ORAL / DEFESA

A defesa é uma prova oral durante a qual o estudante apresenta o seu trabalho e responde às perguntas de um júri. O júri é composto por, pelo menos, duas pessoas, entre as quais o orientador da dissertação e um professor-investigador, que examinou previamente a dissertação e preparou comentários e perguntas. Pode ser convidado a participar no exame um membro do mundo profissional, como um parceiro socioeconómico. O júri é presidido por um professor-investigador. É aconselhável planear a defesa em concertação com o orientador, de modo a privilegiar a sessão de junho em detrimento da de setembro. É importante não exceder o tempo atribuído, que é de 15 a 20 minutos no máximo.

Dicas para uma dissertação de sucesso

- Beneficie do apoio do seu professor e esteja aberto ao feedback. Aprenda de forma construtiva para melhorar a qualidade do seu trabalho.

- Prepare-se para a entrevista antecipando possíveis perguntas.
- Seja claro e conciso na sua apresentação e nas suas respostas.

Ao seguir estes passos, aumentará as suas hipóteses de produzir uma dissertação de elevada qualidade e de a defender com sucesso.

É necessário fazer alguma investigação para fundamentar os seus argumentos e certificar-se de que cita corretamente as suas fontes bibliográficas. Organize o seu trabalho de forma lógica, incluindo uma introdução, um desenvolvimento e uma conclusão claros. Seguindo estes passos e tirando partido da orientação dada pelo seu professor orientador, aumentará as suas hipóteses de produzir uma dissertação de elevada qualidade e de ser aprovado no exame oral.

7. PROCESSO PÓS-APOIO

O processo de pós-apresentação da dissertação final permite aperfeiçoar a dissertação de modo a que esta reflicta da forma mais exacta e completa possível a investigação realizada, garantindo assim a sua aceitação formal pelo departamento e, consequentemente, a atribuição do grau de mestre.

a) **Correção e revisão**

Após a defesa, poderá ter de fazer correcções ou revisões à sua dissertação com base nos comentários e sugestões recebidos dos membros do júri durante a defesa. As alterações necessárias devem ser efectuadas no documento final antes da sua apresentação.

b) **Avaliação e validação**

Uma vez apresentada, a sua dissertação pode ser verificada uma última vez para garantir que cumpre os critérios académicos exigidos.

c) **Formalidades administrativas**

Após a fase de correção, a finalização da dissertação termina com as formalidades administrativas inerentes à entrega da dissertação, como a assinatura dos documentos de entrega.

d) **Arquivamento ou publicação**

A sua dissertação pode ser arquivada na biblioteca da universidade ou publicada numa base de dados académica.

8. REFERÊNCIAS

1. Beaud, M., & Gravier, M. (2006). L'Art de la Thèse. Como preparar e redigir uma tese de doutoramento, uma dissertação de mestrado de investigação ou qualquer outro trabalho académico na era da Net.

2. Bekkal Brikci -Benhabib, O., Boucherit-Otmani, Z., Boucherit, K., & Djediat, C. (2021). Interação em um biofilme de duas espécies de Candida albicans e Candida glabrata co-isoladas de cateter intravascular. Microbial Pathogenesis, 152, 104613.

3. d'Ortho, M. P. (2012). Segundo ano de Mestrado: "Biologia, fisiologia, farmacologia cardiovascular e respiratória", ano 2010-2011: apresentação. Revista de Doenças Respiratórias, 29(7), 924-925.

4. Lesage, F.-X. (2013). Escrever um artigo científico. Archives des Maladies Professionnelles et de l'Environnement, 74(6), 649-654. doi:10.1016/j.admp.2013.09.006

5. Rogers, S. M. (2007). Mastering scientific and medical writing. Springer- Verlag Berlin Heidelberg.

6. Serra, Éric (2013). Notas de aula. Médecine Palliative : Soins de Support - Accompagnement - Éthique, 12(3), 162-. doi:10.1016/j.medpal.2013.03.002

7. Smith, R. (2000). Relatórios de melhoria da qualidade: um novo tipo de artigo: Devem permitir que os autores descrevam projectos de melhoria para que outros possam aprender. BMJ, 321(7274), 1428.

8. Steriu, L. (2020). A prática da citação secundária na tese de mestrado. Le point de vue normatif. Mélanges francophones, 15(18).

9. Zouhry, I., & Sannier, A. (2023, janeiro). Le Master 2 Recherche pour les internes d'anatomie pathologique: pourquoi? Porquê e como? Em Annales de Pathologie (Vol. 43, No. 1, pp. 25-28). Elsevier Masson.

ANEXOS

Anexo 1: Anti-plágio

Declaration of honour form

Commitment to respecting the rules of scientific authenticity in the preparation of a research project

I, the undersigned,

Student, Mr or Miss.. Registered at

....

And in charge of preparing a Master 2 thesis in ....

Title: ....

I declare on my honour that I undertake to comply with the scientific and methodological rules and standards of professional ethics and academic authenticity required in the preparation of the research project in question.

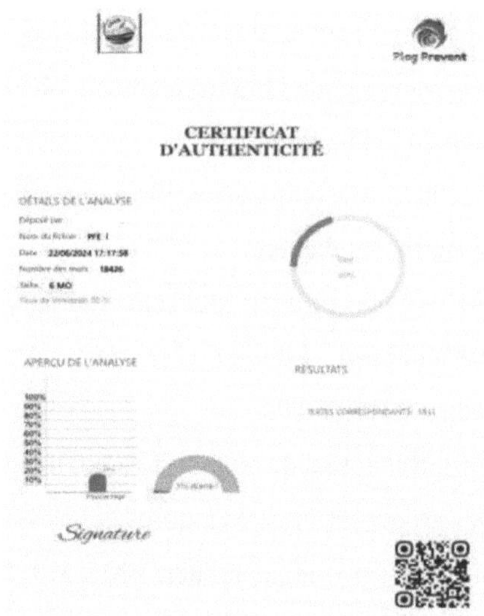

CERTIFICAT
D'AUTHENTICITÉ

DÉTAILS DE L'ANALYSE

Date : 22/06/2024 17:17:58

Taille : 6 MO

APERCU DE L'ANALYSE

RÉSULTATS

Signature

RESUMO

O sucesso de uma dissertação de "Master 2 in 6io[ogical sciences" não depende apenas da quantidade de informação científica apresentada, mas sobretudo da qualidade da estruturação, da análise e da interpretação dessa informação. Cette[a permet de présenter [es informations de manière [ogique, en suivant une progression nature[[e du pro6[ème de recùercùe au.x conc[usions. <Ao seguir as orientações deste guia, pode produzir uma dissertação que não só satisfaz os requisitos académicos, mas também reflecte a sua capacidade de realizar um trabalho científico rigoroso nas ciências 6io[ogicas.

MIX
Papier aus verantwortungsvollen Quellen
Paper from responsible sources
FSC® C105338

Printed by Books on Demand GmbH, Norderstedt / Germany